유아 자신감 수학

만 **5**세 **4**권

논리와 측정 ③

머리말

놀이처럼 수학 학습

<유아 자신감 수학>은 놀이에서 학습으로 넘어가는 징검다리 역할을 충실히 하도록 기획한 교재입니다. 어린 아이들에게 가장 좋은 학습은 재미있는 놀이처럼 느끼게 공부하는 것입니다. 붙임 딱지를 손으로 직접 만져보며 이리저리 붙이고, 보드 마커로 여러 가지 모양을 그리거나 숫자를 쓰다 보면 아이들이 수학이 재미있다는 것을 알고 자신감을 얻을 것입니다.

처음에는 함께, 나중에는 아이 스스로

아이의 첫 번째 수학 선생님은 바로 엄마, 아빠입니다. 그리고 최고의 선생님은 매번 알려주는 것보다는 스스로 할 수 있도록 방향을 제시해 주는 사람입니다. <유아 자신감 수학>은 알려 주기도 하고, 함께 해결하는 것으로 시작하지만, 나중에는 스스로 재미있게 반복할 수 있는 교재입니다.

아이의 호기심을 불러 일으키는 함 께 해 요 ♡

함 께 해 요 ♡ 가 표시된 내용은 한 번 풀고 다시 풀 때 조건을 바꾸어 새로운 문제를 내줄 수 있습니다. 풀 때마다 조금씩 바뀌는 문제를 통해서 재미있게 반복할 수 있습니다. 잘 이해하면 다음에는 조금 어렵게, 어려워하면 조금 쉽게 바꾸어서 아이의 흥미를 유발할 수 있습니다.

언제든지 다시 붙일 수 있는 <계속 딱지>

아이들이 반복하면서 더 높은 학습 효과를 볼 수 있는 부분을 엄선하여 반영구 붙임 딱지인 <계속 딱지>를 활용하게 하였습니다. 처음에 어려워해도 반복하면서 나아지는 모습을 지켜봐 주세요.

지은이 **천종현**

유아 자신감 수학 120% 학습법

QR코드로 학습 의도 알아보기

주제가 시작하는 쪽에 QR코드가 있습니다. QR코드로 학습 의도, 목표, 여러 가지 활용 TIP 을 알아보세요.

학습 준비를 도와 주세요.

함 께 해 요 ♡ 는 난이도를 조절하며 문제를 내주는 내용입니다. 보드 마커나 <계속 딱 지>로 문제를 만들어 주세요.

한 번 공부한 후에는 보드 마커는 지우고, <계속 딱지>는 떼어서 제자리로 옮겨서, 함 께 해 요 ♡ 의 문제를 새롭게 바꾸어 주세요.

두 가지 붙임 딱지를 특징에 맞게 활용하세요.

한두번딱지

계속 딱지

한두번딱지 는 개념을 배우는 내용에 사용하는 붙임 딱지로 한두 번 옮겨 붙일 수 있는 소재로 되어 있습니다. 틀렸을 경우 다시 붙이는 것이 가능합니다. 떼는 것만 도와주세요.

계속딱지 는 문제를 새로 내주거나 아이가 반복 연습이 필요한 내용에 반영구적으로 사용합니다. 한 번 공부하고 다시 사용할 수 있도록 옮기거나 떼어 주세요.

시작은
엄마와 함께

보드 마커와 붙임 딱지로
재미있게 배웁니다.

이후엔
재미있게 스스로

보드 마커는 지우고,
계속 딱지는 옮긴 후
아이 스스로 공부합니다.

유아 자신감 수학 전체 단계

논리와 측정 ③

이런 순서로 공부해요.

나는 ~인 도깨비야

도깨비들의 모습을 살펴보세요.

도깨비들이 자기소개를 해요. □ 안에 붙임 딱지를 알맞게 붙이세요. 계속딱지

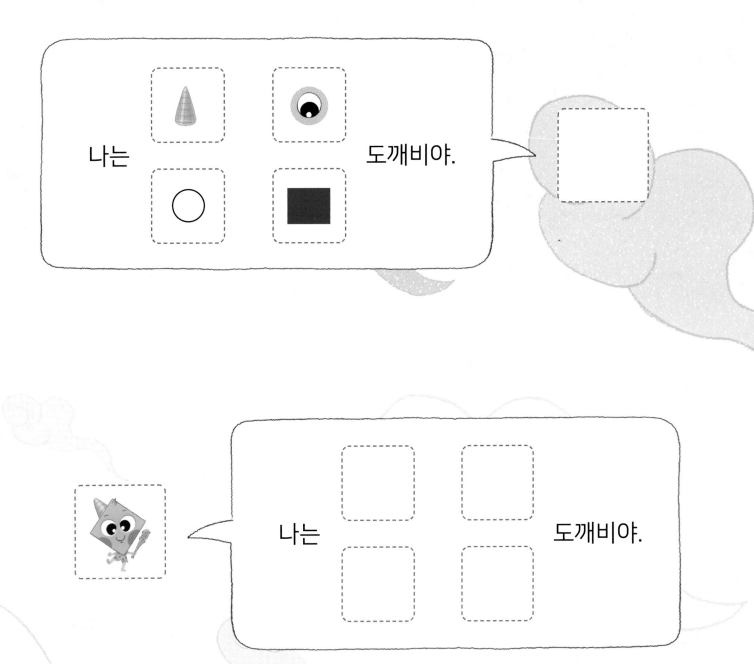

위쪽 문제는 말풍선에 속성(뿔, 눈, 얼굴, 색깔) 붙임 딱지를, 아래쪽 문제는 도깨비 붙임 딱지를 덧붙여서
다른 문제를 만들어 주세요.

모두 모여라!

깃발의 그림과 같은 도깨비들이 줄을 설 거예요. □ 안에 붙임 딱지를 알맞게
붙이세요. 계속딱지

내 친구들은 여기에 모여라!

내 친구들은 여기에 모여!

깃발에 속성 붙임 딱지를 1개씩 덧붙이고 가장 아래에 있는 ☐ 안에 각 깃발에 붙인 속성을 가진 도깨비 붙임 딱지를 덧붙여서 다른 문제를 만들어 주세요. 깃발에 속성 붙임 딱지를 3가지 방법으로 붙일 수 있어요.
① 초록색, 빨간색 붙임 딱지 ② 뿔 1개, 뿔 2개 붙임 딱지 ③ 네모, 동그라미 붙임 딱지

도깨비들의 잔치

문 앞의 그림과 같은 도깨비들이 모여 있어요. ? 에 알맞은 그림 2개를 찾아 ○ 하세요.

둘이나 셋으로 나누어요

인형들의 모습을 살펴보세요.

○ 안의 그림을 보고 인형을 정리할 거예요. 바구니 안에 알맞은 붙임 딱지를 붙이세요. 계속딱지

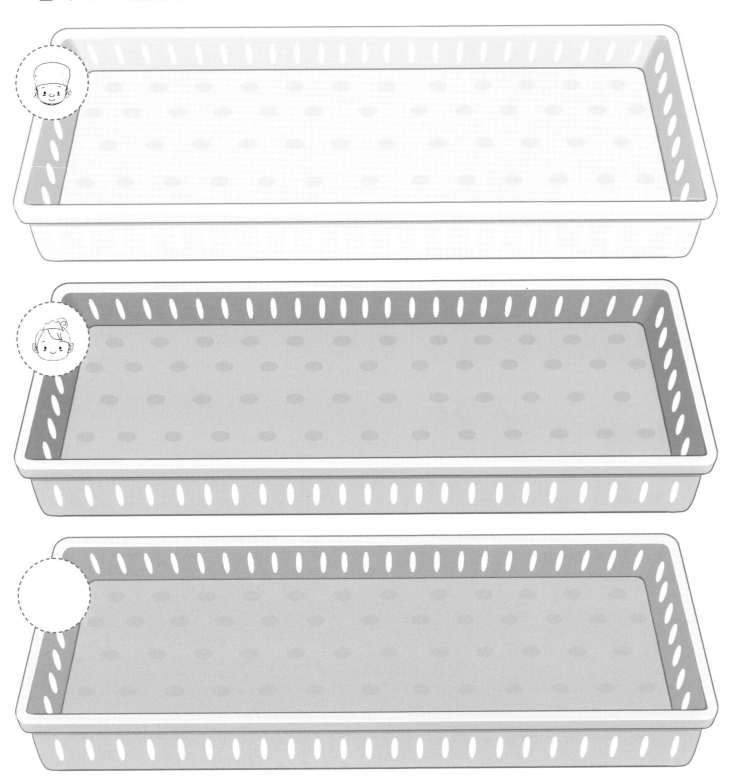

○ 안에 무늬 붙임 딱지 또는 색깔 붙임 딱지를 1개씩 덧붙여서 다른 문제를 만들어 주세요. 무늬는 바구니 2개에, 색깔은 바구니 3개에 정리할 수 있어요.

겹치는 부분이 있어요

2-1 분류하기

○ 안의 그림을 보고 인형을 정리할 거예요. 울타리 안에 알맞은 인형 붙임 딱지를 붙이세요. 계속딱지

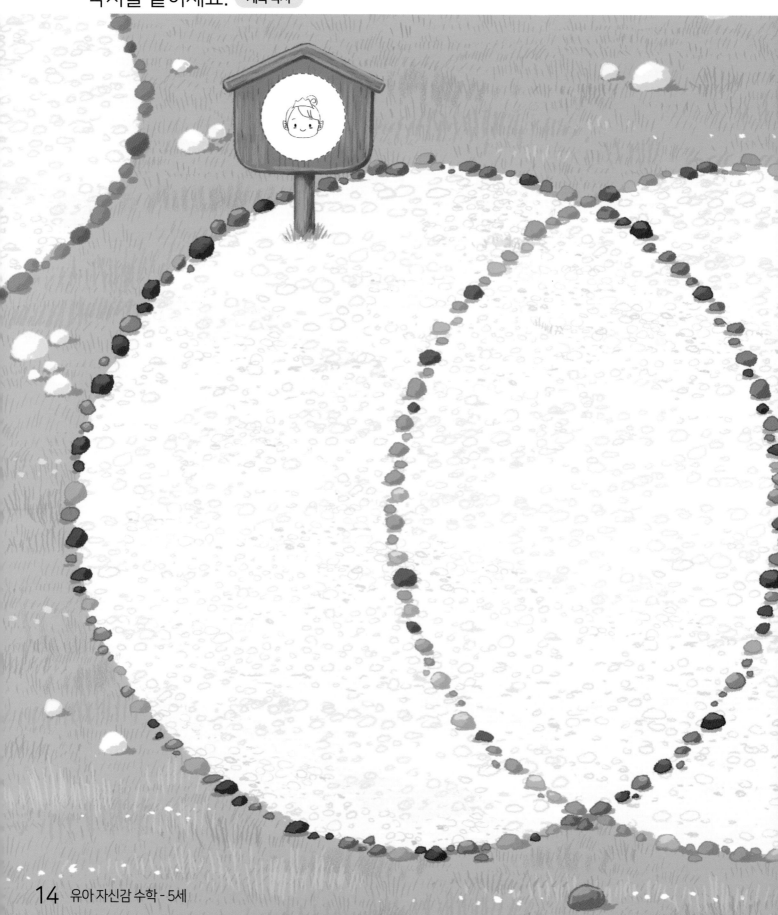

울타리 안에 들어가지 않는 인형은 바구니에 넣어주세요. 계속딱지

○ 안에 속성(얼굴, 무늬, 색깔) 붙임 딱지를 덧붙여서 다른 문제를 만들어 주세요.

~가 남아요

친구에게 줄 인형의 개수를 셀 거예요.

에 모두 X 하세요.

남은 인형을 친구에게 모두 줄 거예요. 모두 몇 개인가요?

동생에게 줄 인형의 개수를 셀 거예요.

 에 모두 X 하고 남은 인형 중에서 에 모두 X 하세요.

남은 인형을 동생에게 모두 줄 거예요. 모두 몇 개인가요?

도둑을 찾아라

가이드 영상

도둑 2명이 보석을 훔쳐 달아났어요! 계속딱지

□ 안에 특징(안경, 수염) 붙임 딱지와 모자 붙임 딱지를 1개씩 덧붙여서 다른 문제를 만들어 주세요.

사람들 사이에 도둑 2명이 숨어 있어요. 도둑을 모두 찾아 ○ 하세요.

같은 관계인 그림 두 쌍

붙임 딱지 16개가 있어요.

왼쪽 두 그림의 관계를 보고 오른쪽의 나머지 그림을 찾을 수 있어요. 빈칸에 알맞은 붙임 딱지를 붙이세요. 한두번딱지

빈칸에 알맞은 붙임 딱지를 붙이세요. 한두번딱지

왼쪽 그림 2개와 오른쪽 그림 2개의 관계가 같은지 확인해 주세요.

두 개의 모양이 하나로

모양 두 개가 하나로 변해요.

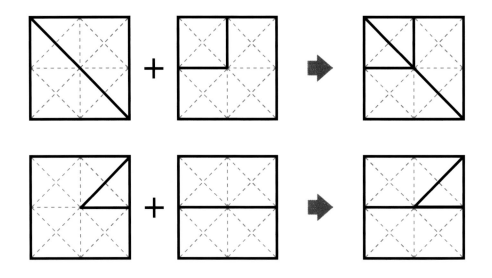

점선을 따라 알맞은 모양을 그리세요.

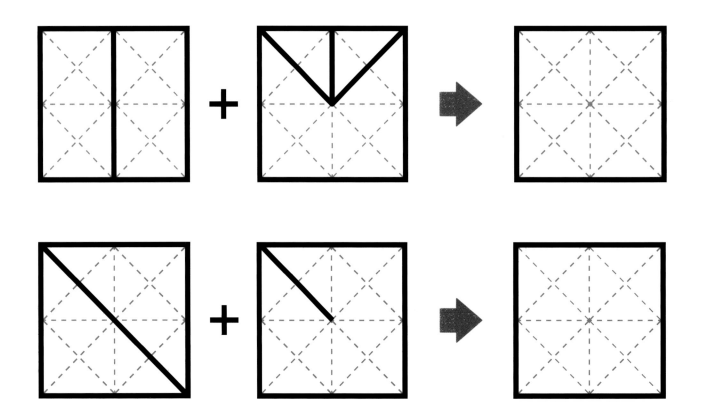

점선을 따라 알맞은 모양을 그리세요.

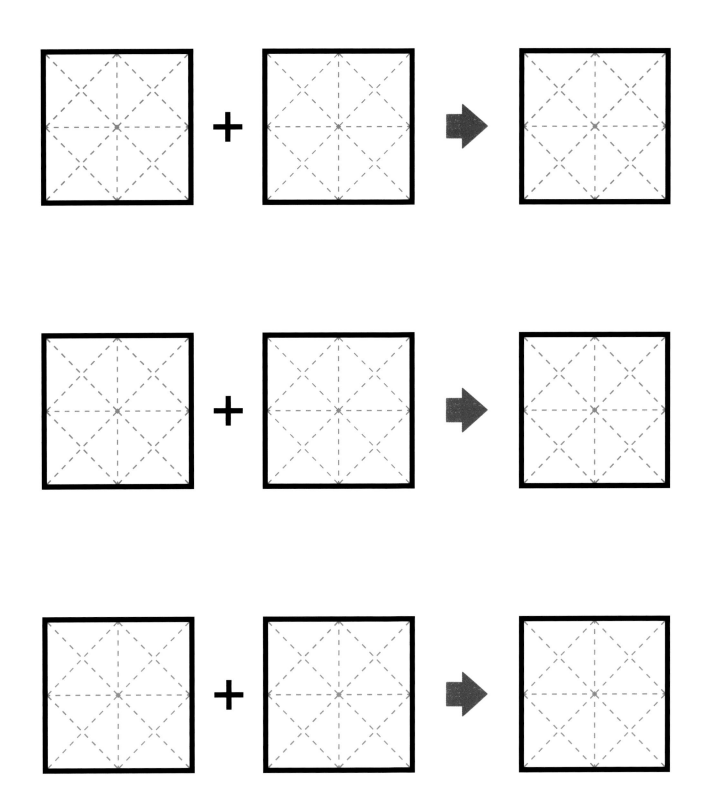

화살표 왼쪽에 점선을 따라 모양 2개를 그려서 문제를 만들어 주세요. 화살표 오른쪽에는 두 모양을 겹친 모양을 그리게 해 주세요.

연필의 길이

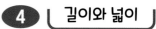

붙임 딱지를 붙여서 주황색 연필보다 긴 연필과 주황색 연필보다 짧은 연필을 만드세요. 계속딱지

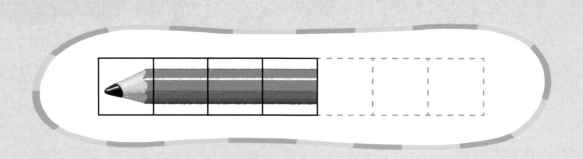

긴 연필

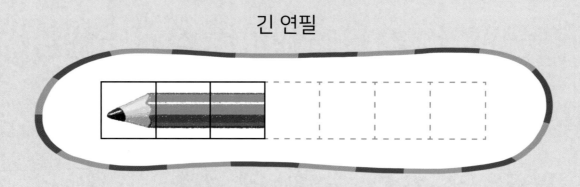

짧은 연필

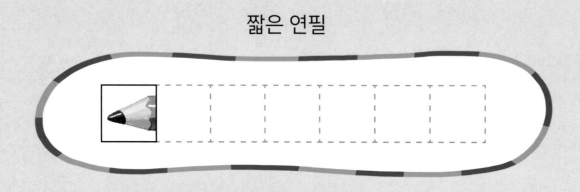

위에서 아래로 갈수록 연필의 길이가 길어지도록 붙임 딱지를 알맞게 붙이세요.

계속딱지

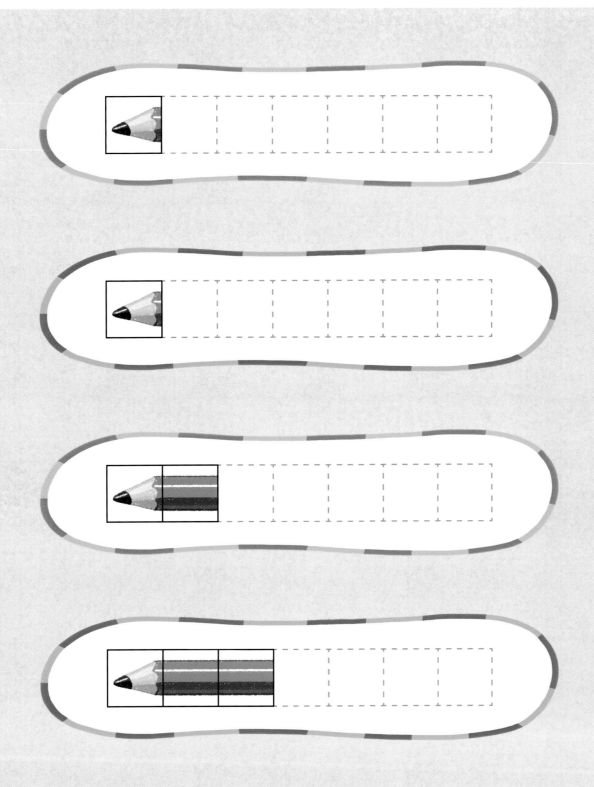

다양한 답이 나올 수 있어요.

초콜릿의 크기

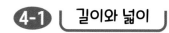

여러 개의 네모로 나누어진 초콜릿이 있어요. 가장 큰 초콜릿에 ○, 가장 작은 초콜릿에 △ 하세요.

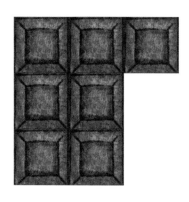

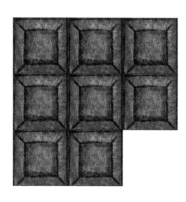

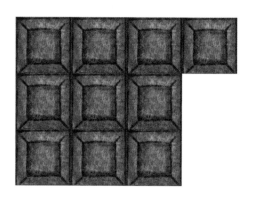

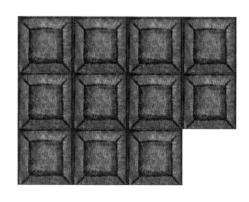

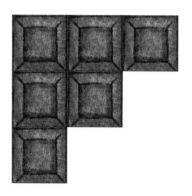

그림자에 초콜릿 붙임 딱지를 붙이면 초콜릿 모양을 만들 수 있어요.

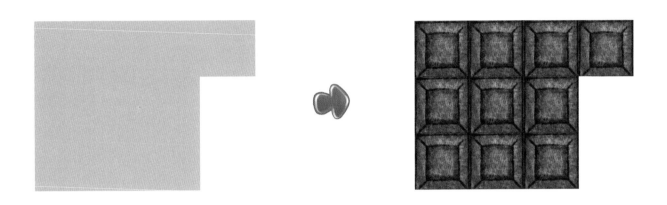

초콜릿 붙임 딱지로 그림자를 채워 보고 가장 큰 초콜릿에 ○, 가장 작은 초콜릿에 △ 하세요. 한두번딱지

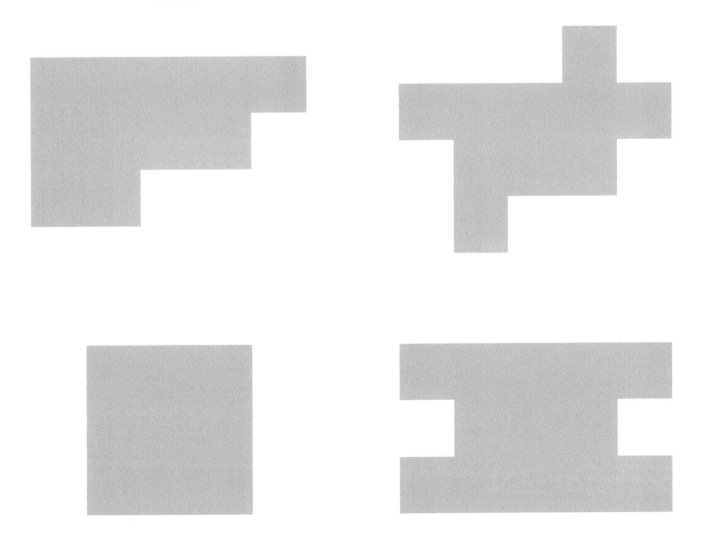

더 높고 더 낮은 빌딩

네모 몇 칸을 색칠해서 가장 왼쪽 빌딩보다 높고 가장 오른쪽 빌딩보다 낮은 빌딩을 2개 만들어 보세요.

10층	10층	10층	10층
9층	9층	9층	9층
8층	8층	8층	
7층	7층	7층	
6층	6층	6층	
5층	5층	5층	
4층	4층	4층	
	3층	3층	
	2층	2층	
	1층	1층	

3층보다 높고 8층보다 낮은지 확인해 주세요. 다양한 답이 나올 수 있어요.

네모 몇 칸을 색칠해서 위쪽보다 크고 아래쪽보다 작은 땅을 나타내세요.

1	2	3	4
5	6	7	8
9	10	11	12
13	14	15	16

1	2	3	4
5	6	7	8
9	10	11	12
13	14	15	16

1	2	3	4
5	6	7	8
9	10	11	12
13	14	15	16

1	2	3	4
5	6	7	8
9	10	11	12
13	14	15	16

1	2	3	4
5	6	7	8
9	10	11	12
13	14	15	16

1	2	3	4
5	6	7	8
9	10	11	12
13	14	15	16

가장 위쪽과 가장 아래쪽 표에 몇 칸 칠해서 문제를 만들어 주세요. 다양한 답이 나올 수 있어요.

서로 다른 무게

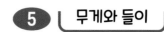

가이드 영상

기울어지지 않으면 두 물건의 무게가 같지만 기울어지면 내려간 쪽이 더 무거워요.

저울을 보고 무거운 순서대로 붙임 딱지를 붙이세요. 한두번딱지

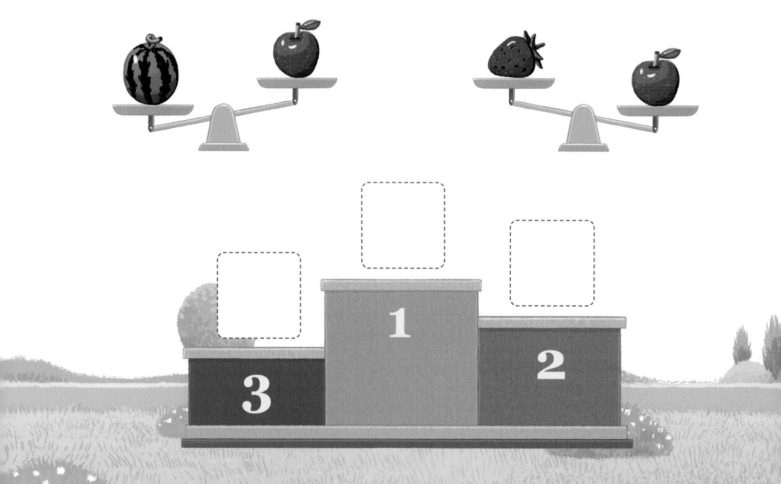

사탕을 무거운 순서대로 놓았어요.

이상한 저울에 X 하세요.

인형의 무게

저울이 기울어지지 않게 인형과 구슬을 올렸어요.

오른쪽 접시 위에 구슬 붙임 딱지를 알맞게 붙이세요. 한두번딱지

다양한 답이 나올 수 있어요.

인형을 무거운 순서대로 놓았어요.

오른쪽 접시 위에 구슬 붙임 딱지를 알맞게 붙이세요. 한두번딱지

다양한 답이 나올 수 있어요.

컵에 나누어 담아요

물병에 가득 찬 물의 양은 컵 6개에 들어 있는 물의 양과 같아요.

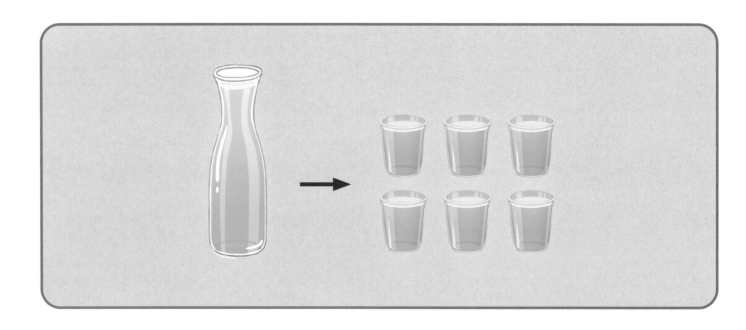

똑같은 물병 2개에 물을 가득 채워서 한 병은 컵 1개에, 한 병은 컵 2개에 물을 옮겨 담았어요. 더 많은 물이 남은 물병에 ○ 하세요.

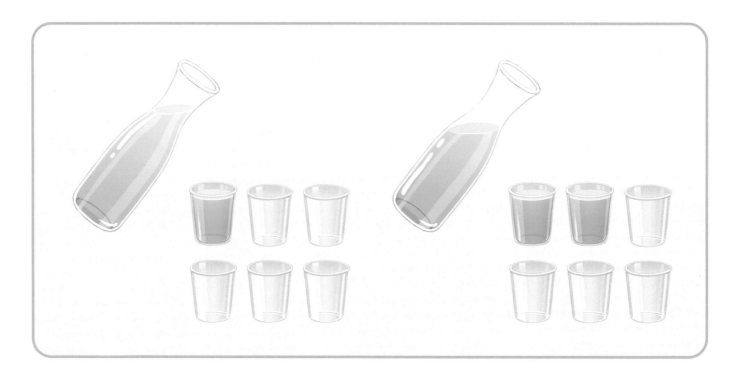

크기가 다른 물병 2개에 물을 가득 채우고 여러 개의 컵에 모두 나누어 담았어요.

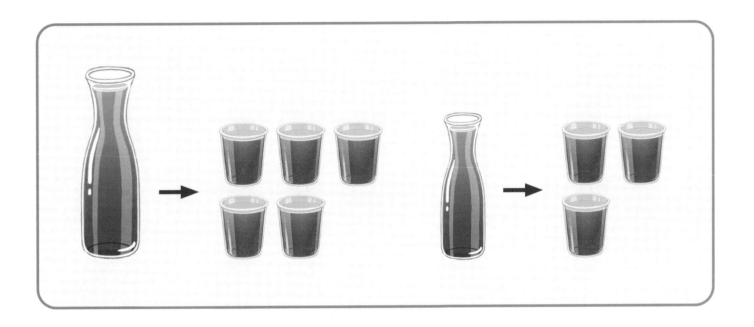

가득 채워진 왼쪽 물병의 물을 오른쪽 물병이 가득 찰 때까지 옮겨 담았어요. 왼쪽 물병에 남아있는 물의 양만큼 □ 안에 컵 붙임 딱지를 붙이세요. 한두번딱지

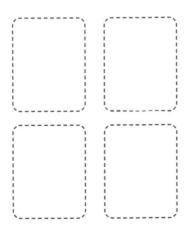

꽃들을 정리해요 1

가이드 영상

개수와 색깔이 일정하게 반복되고 있어요. 팻말의 ○ 안에 알맞은
수를 써넣고 ◇에 알맞은 색깔 붙임 딱지를 붙이세요. 한두번딱지

팻말을 보고 □ 안에 알맞은 꽃 붙임 딱지를 붙이세요. 한두번딱지

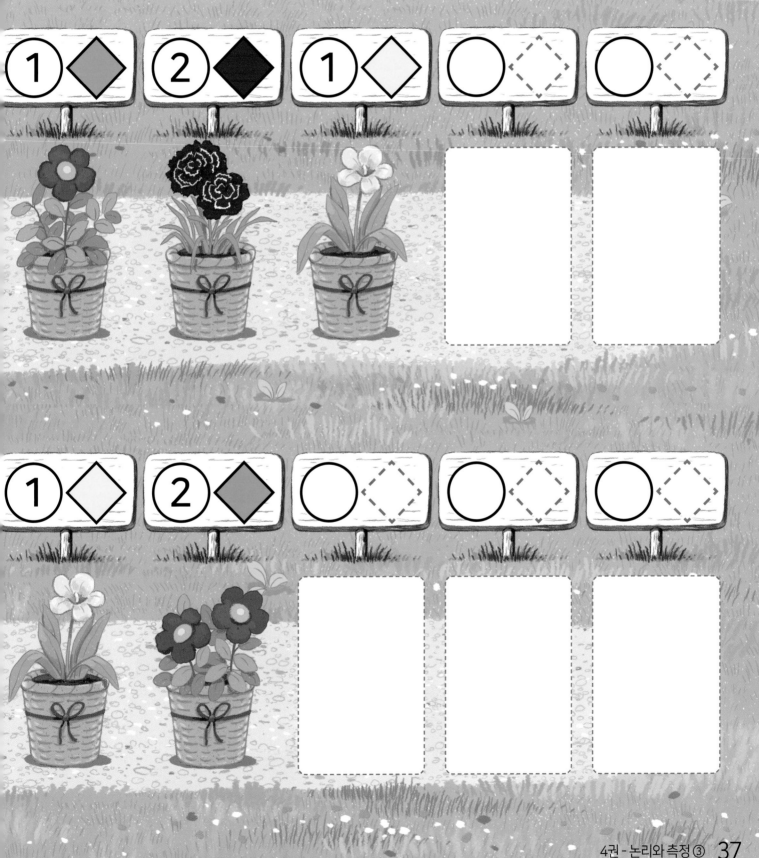

꽃들을 정리해요 2

□ 안에 알맞은 꽃 붙임 딱지를 붙이세요.

손수건의 무늬

빈칸에 붙임 딱지를 붙여서 같은 무늬를 만드세요. 한두번딱지

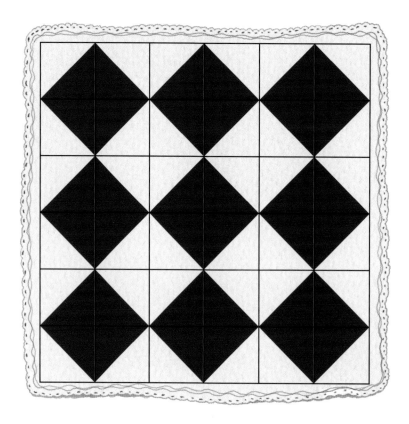

빈칸에 붙임 딱지를 붙여서 같은 무늬를 만드세요. 한두번딱지

짧은바늘

가이드 영상

짧은바늘이 없는 시계에 짧은바늘을 그리세요.

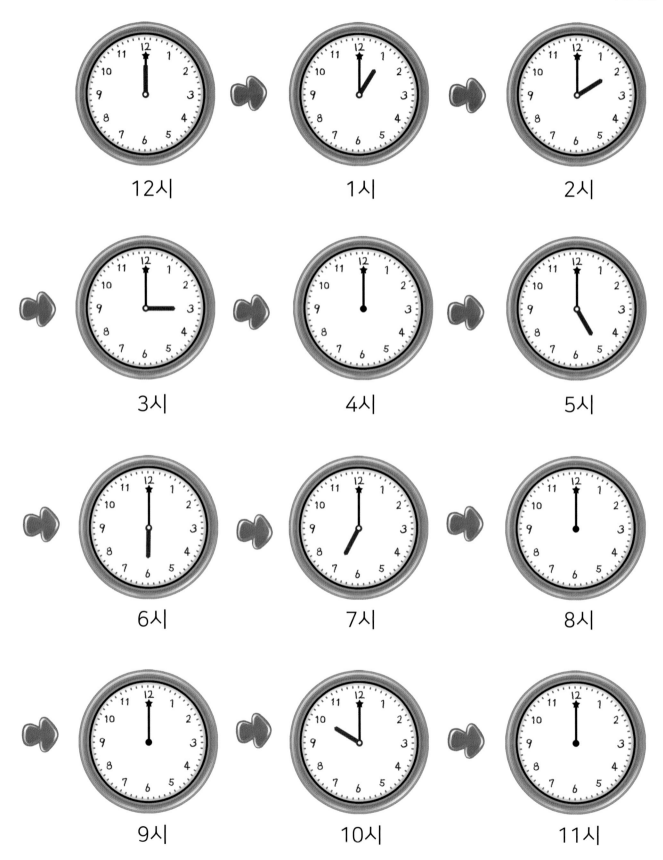

12시

1시

2시

3시

4시

5시

6시

7시

8시

9시

10시

11시

짧은바늘을 그리거나 □ 안에 알맞은 수를 써넣으세요.

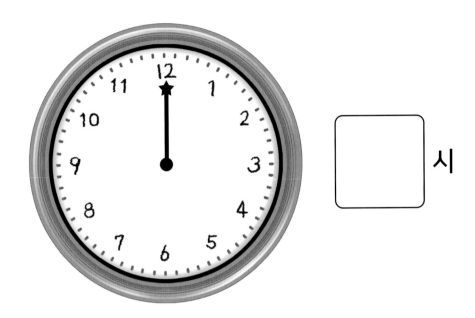

□ 시

□ 시

□ 안에 수를 써넣거나 짧은바늘을 그려서 문제를 만들어 주세요.

달력과 요일

달력은 날짜를 순서대로 정리한 것이에요. 달력의 가장 위에는 요일이 있어요.
위아래로 같은 줄에 있으면 같은 요일이에요.

2월

일요일	월요일	화요일	수요일	목요일	금요일	토요일
일	월	화	수	목	금	토
1	2	3		5	6	7
8	9	10	11	12		14
15	16	17	18		20	21
22	23	24	25	26	27	28

빈칸에 알맞은 수를 써넣어 달력을 완성하세요.

7월

일	월	화	수	목	금	토
			1	2	3	4
5	6	7	8	9	10	11
12	13	14	15	16	17	18
19	20	21	22	23	24	25
26	27	28	29	30	31	

월 요일인 날짜에 모두 ○ 하세요.

요일인 날짜에 모두 △ 하세요.

□ 안에 요일을 써넣어 문제를 만들어 주세요.

달력을 읽어 보세요

5월에 있는 일들을 보고 달력에 붙임 딱지를 알맞게 붙이세요. 계속딱지

5월

일	월	화	수	목	금	토
		1	2	3	4	5
6	7	8	9	10	11	12
13	14	15	16	17	18	19
20	21	22	23	24	25	26
27	28	29	30	31		

5 월 5 일 (토) 요일은 어린이날이에요.

5 월 17 일 (목) 요일은 엄마, 아빠가 결혼한 날이에요.

☐ 월 ☐ 일 ( ) 요일은 내 생일이에요.

☐ 안에는 수를 써넣고 ○ 안에는 요일 붙임 딱지를 붙여서 문제를 만들어 주세요.

달력에 그림을 붙여서 8월에 할 일들을 정리했어요. □ 안에 알맞은 수를 써넣고 ○ 안에 요일 붙임 딱지를 붙이세요. **계속딱지**

8월

일	월	화	수	목	금	토
		1	2	3	4	5
6	7	8	9	10	11	12
13	14	15	16	17	18	19
20	21	22	23	24	25	26
27	28	29	30	31		

□ 월 □ 일 ◯ 요일은 동생 생일이에요.

□ 월 □ 일 ◯ 요일에는 놀이공원에 가요.

□ 월 □ 일 ◯ 요일에는 비행기를 타요.

달력에 비행기 붙임 딱지를 붙여서 문제를 만들어 주세요.

10월 1일은 수요일이에요. 빈칸에 알맞은 수를 써넣어 10월 달력을 완성하세요.

월

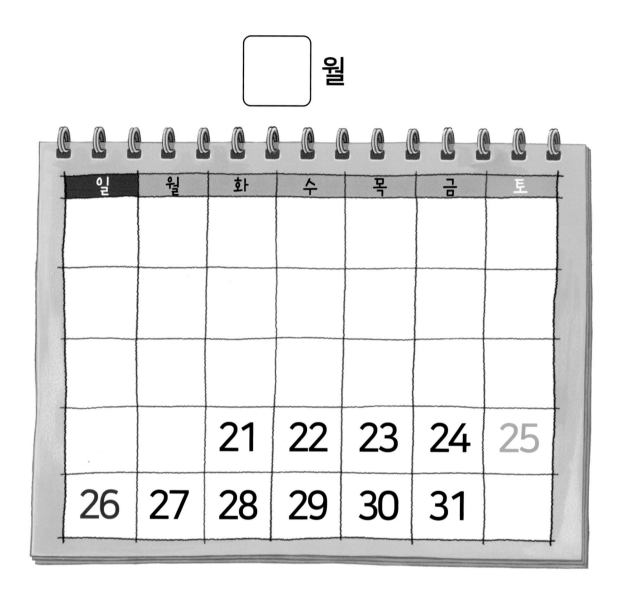

20, 21쪽

30쪽

32, 33쪽

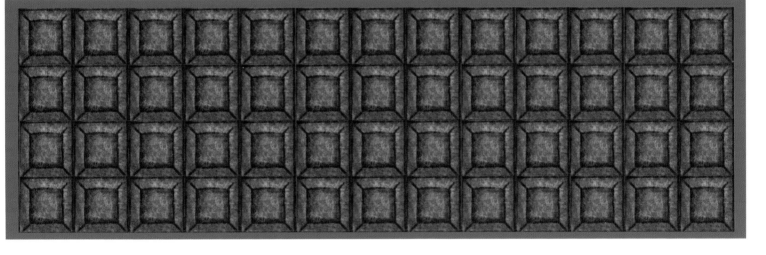

27쪽

35쪽

37쪽

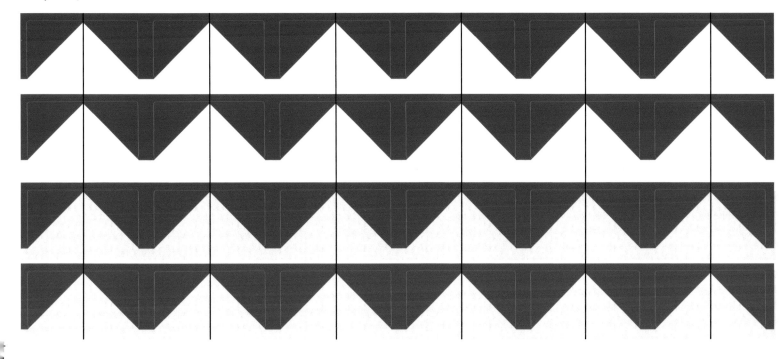

실력을 쌓는 수학 공부는 연산도 연습과 함께 원리가 중요합니다.
원리셈은 생활 속 소재와 교구 그림을 통해 쉽게 원리를 익히고, 다양한 문제로 재미있게 반복 연습할 수 있는 연산 교재입니다.

5·6세 단계

수와 수학을 처음 배우는 단계
수 읽기, 세기, 쓰기를 붙임 딱지를 활용하여 재미있게 공부하도록 구성
매 단원의 마지막은 쉽고 재미있는 내용의 사고력 수학

6·7세 단계

수를 세어 덧셈, 뺄셈의 개념을 아는 단계
20까지의 수를 차례로 세어 덧셈, 뺄셈을 이해하고
생활 속 소재와 흥미 있는 연산 퍼즐을 통해 재미있게 공부

7·8세 단계

한 자리 덧셈, 뺄셈을 확실히 잡아가는 단계
받아올림, 받아내림 없는 덧셈, 뺄셈 다지기와 10의
보수 학습을 통한 받아올림, 받아내림의 개념 잡기

초등1 단계

초등 1학년 단계
받아올림, 받아내림 없는 두 자리 덧셈, 뺄셈과 받아올림, 받아내림이 있는 한 자리 덧셈, 뺄셈의 집중 연습
마지막 단원은 앱을 이용하여 시간을 재고 다른 친구들의 기록과 비교하는 집중 연산

초등2 단계

초등 2학년 단계
두 자리 덧셈, 뺄셈과 곱셈구구 그리고, 나눗셈의 개념 알기
마지막 단원은 앱을 이용하여 시간을 재고 다른 친구들의 기록과 비교하는 집중 연산

초등3 단계

초등 3학년 단계
세 자리 덧셈과 뺄셈과 두/세 자리 곱셈, 나눗셈
총 6개 단원으로 그 중 2개 단원은 앱을 이용하여 시간을 재고 다른 친구들의 기록과 비교하는 집중 연산

초등4 단계

초등 4학년 단계
큰 수의 곱셈과 나눗셈, 분수와 소수의 덧셈과 뺄셈, 자연수 혼합 계산
총 6개 단원으로 그 중 2개 단원은 앱을 이용하여 시간을 재고 다른 친구들의 기록과 비교하는 집중 연산

초등5·6 단계

초등 5, 6학년 단계
분모가 다른 분수의 덧셈, 뺄셈, 분수와 소수의 곱셈과 나눗셈
6학년 연산 비중이 낮은 것을 고려한 통합 연산 단계
총 6개 단원으로 그 중 2개 단원은 앱을 이용하여 시간을 재고 다른 친구들의 기록과 비교하는 집중 연산

예비 중등 단계

초등 6학년, 중등 1학년 단계
유리수의 혼합 계산과 방정식의 계산 2권으로 중등 수학을 처음 접하는 학생들 위한 원리 중심의 연산 교재
총 6개 단원으로 그 중 2개 단원은 앱을 이용하여 시간을 재고 다른 친구들의 기록과 비교하는 집중 연산